AF359927

# L'INSTRUCTION AGRICOLE DE NOS PAYSANS

## ENSEIGNEMENT DE L'AGRICULTURE

### PAR L'ÉCOLE PRIMAIRE

PAR

## V. BARILLOT

INGÉNIEUR AGRONOME
PROFESSEUR DÉPARTEMENTAL D'AGRICULTURE DE L'YONNE

PARIS

LIBRAIRIE CLASSIQUE EUGÈNE BELIN

### BELIN FRÈRES

RUE DE VAUGIRARD, 52

—

1893

# SOMMAIRE

# CHAPITRE PREMIER

L'ouvrier des villes et l'ouvrier des champs. — Importance de
l'instruction professionnelle pour le cultivateur. — L'agriculture ne peut s'apprendre par l'observation seule.

L'enseignement primaire, en France, a pris un grand
essor depuis quinze ans. Après nos malheurs de 1870, les
pouvoirs publics comprirent que le relèvement de la
patrie était dans l'instruction du peuple, et la République
compléta l'organisation de ce vaillant corps des instituteurs qui, chaque jour, répand la lumière dans les
villages les plus ignorés.

Un ministre de l'instruction publique (1) a écrit en tête
d'un de ses ouvrages à l'usage des écoles primaires cette
parole célèbre : *Par l'école, pour la patrie.* L'école est, en
effet, l'atelier où l'instituteur façonne l'intelligence de
l'enfant et prépare le futur citoyen pour la vie, en lui
mettant en main la plus puissante de toutes les armes :
l'instruction.

La loi du 28 mars 1882 vint couronner les efforts tentés depuis plusieurs années, et à l'heure actuelle, — ce
sera le plus grand honneur de la République, — les illettrés ont à peu près disparu parmi nos jeunes générations.

Les programmes de l'enseignement primaire, élaborés
par des hommes d'un profond savoir et d'une grande
compétence, sont adoptés unanimement aujourd'hui.

Cependant, ces programmes, dans lesquels l'enseignement professionnel n'a aucune place, permettent-ils au
grand corps des instituteurs de former des êtres pourvus
le mieux possible pour lutter dans la vie ?

Si on considère l'ensemble de nos écoles primaires, on

(1) P. Bert.

voit qu'elles sont peuplées d'enfants qui, à l'âge de douze ou treize ans, quittent la classe pour travailler aux champs ou à l'atelier, suivant leur goût, leurs forces physiques, leurs aptitudes, la situation de leurs parents, etc. Parmi cette foule de jeunes intelligences, 2 ou 3 pour 100 passent dans les écoles primaires supérieures, dans les écoles professionnelles (agricoles, industrielles, commerciales), dans les écoles normales : ceux qui sont allés dans les établissements d'enseignement secondaire ont quitté l'école primaire beaucoup plus tôt, vers l'âge de huit ou dix ans, car c'est à cet âge que commencent les études de septième dans les lycées et collèges.

Occupons-nous de la grande masse des enfants des travailleurs, de ceux qui doivent plus tard fournir des bras à l'industrie et à l'agriculture. Pour eux, à treize ans les études sont terminées ; ils quittent l'école, très fiers d'en sortir avec le certificat d'études primaires. Ils viendront peut-être, pendant quelques années encore, passer leurs veillées d'hiver au cours d'adultes. Mais là, ils n'acquerront pas de connaissances nouvelles ; l'instituteur s'attache surtout, dans ses leçons du soir, à leur rappeler l'enseignement qu'ils ont reçu pendant les dernières années passées sur les bancs de l'école.

Peut-on dire que ces enfants ont reçu à l'école toutes les connaissances qu'ils devraient y acquérir pour les aider dans la vie ? C'est à peine si on leur a parlé du travail qui est destiné à leur procurer, sinon le bien-être, du moins le nécessaire pendant leur existence !

Ici, insistons particulièrement sur la différence profonde qui existe entre les élèves des écoles primaires. On doit, au point de vue qui nous occupe, les diviser en deux catégories : ceux qui doivent fournir des bras à l'industrie, et ceux qui doivent travailler la terre.

Pour les premiers, les moins nombreux, l'absence d'enseignement professionnel n'a pas, nous le reconnaissons, d'inconvénient irrémédiable. L'apprentissage, quand il existe, donne à l'ouvrier son instruction pratique ; quand il n'existe pas, — et le progrès des machines en même

temps que la division du travail tendent à le supprimer, —
c'est que le travail à exécuter est tellement simple qu'il
suffit à l'ouvrier non plus des années d'apprentissage pour
bien faire la besogne qu'on lui confie, mais plutôt quelques
journées d'attention.

L'ouvrier de l'industrie a toujours un patron qui le
dirige. Il ne s'inquiète ni de l'approvisionnement de l'usine
en matières premières, ni de la vente des produits fabri-
qués, ni des modifications à apporter à la fabrication, ni
du prix de revient, ni de la rémunération des capitaux,
ni des bénéfices ; c'est le patron qui doit étudier et résoudre toutes ces questions.

Pour la deuxième catégorie d'élèves des écoles primaires — jeunes gens destinés à l'agriculture — la situation est toute différente. Si ces jeunes gens devaient plus
tard travailler sous la direction d'un chef, fermier ou
propriétaire, qui connaît son métier, nous ne nous in-
quiéterions pas de leur instruction professionnelle ; nous
retomberions dans le cas des ouvriers de l'industrie. Mais
il n'en est pas ainsi. La plupart d'entre eux vont devenir
des cultivateurs travaillant pour leur propre compte,
c'est-à-dire des patrons.

La statistique du ministère de l'agriculture (1882) nous
renseigne complètement sur le nombre des travailleurs
agricoles qui, chez nous, exploitent pour leur propre
compte (p. 342).

| | | | |
|---|---|---|---|
| Propriétaires cultivant exclusivement leurs terres ou les faisant valoir à l'aide de leur famille ou d'autrui...... | 2 150 696 soit 31 | p. | 100 |
| Fermiers........... | 958 328 — 14 | | -- |
| Métayers........... | 341 576 — 4,9 | — | |
| Chefs d'exploitations.... | 3 460 600 | | |

Il faut ajouter à ce nombre 727 374 propriétaires d'un
petit bien qui travaillent comme journaliers, mais qui
n'en sont pas moins patrons pour leur propre compte.

Soit, en tout, 4 187 974 chefs d'exploitations.

Nous ne parlons pas des commis de ferme, journaliers, domestiques, qui ne sont pas patrons et dont le nombre s'élève à plus de trois millions.

Si, d'un autre côté, nous examinons le nombre et l'importance des exploitations, — et cet examen nous conduit plus près de la solution que nous cherchons, — le même ouvrage nous montre qu'il existe en France :

| | Nombre des exploitations. | Etendue en Ha. | RÉPARTITION PROPORTIONNELLE du nombre des exploitations | de l'étendue des exploitations |
|---|---|---|---|---|
| Grande culture (au-dessus de 40 Ha) | 142 088 | 22 266 104 | 2,5 % | 45 % |
| Moyenne { 50 à 40 Ha | 97 828 | 5 424 550 | 1,7 — | 6,9 — |
| 20 à 50 | 198 041 | 4 951 025 | 5,5 — | 9,9 — |
| 10 à 20 | 431 355 | 6 470 295 | 7,6 — | 15,1 — |
| Petite culture 0 à 10 | 2 655 030 | 11 366 274 | 46,6 — | 22,9 — |

Nous ne tenons pas compte des exploitations inférieures à 1 hectare dont le nombre est considérable (plus de deux millions), mais dont l'étendue proportionnelle est faible (2,2 pour 100).

D'autre part, il existe en France trente-trois écoles pratiques d'agriculture, dix fermes-écoles et une quinzaine d'autres écoles d'agriculture, y compris les écoles supérieures. La plupart de ces établissements ont été créés, remaniés, développés depuis 1870, et nous devons rendre hommage à tous les efforts faits dans ce sens par le ministère de l'agriculture.

Mais ces écoles, si développées qu'elles soient, ne répondent même pas aux besoins d'instruction agricole des 142 000 propriétaires dont les exploitations sont supérieures à 40 hectares. Cependant nous allons supposer l'impossible, et admettre que tous les futurs cultivateurs d'exploitations supérieures à 20 hectares (437 957) peuvent y acquérir leur instruction professionnelle.

Et les autres? Où la multitude des petits cultivateurs français peut-elle acquérir actuellement l'instruction agricole?

On peut objecter que les écoles pratiques et les

fermes-écoles sont surtout fréquentées par des fils de petits cultivateurs. La chose est exacte. Mais il n'en est pas moins vrai que, si on compare la population agricole de la France avec le nombre des élèves qui passent par les écoles d'agriculture, on est effrayé de la disproportion; et on reconnaît que la grande majorité des cultivateurs qui ne reçoivent aucune instruction agricole est formée par les paysans.

Dans l'étude qui suit, — nons tenons à bien préciser ce point, — nous avons uniquement en vue cette dernière catégorie d'agriculteurs; nous laissons de côté la grande et la moyenne culture ; et, quand nous écrivons le mot *paysan* ou *petit cultivateur*, nous entendons toujours le propriétaire d'une exploitation de moins de 20 hectares.

De tous les chiffres que nous avons donnés plus haut, retenons ceci : Il existe en France plus de trois millions de chefs d'exploitations qui, comme tout patron, ont besoin de bien savoir leur métier. Ces trois millions de travailleurs n'étudient, comme les ouvriers de l'industrie, que dans les écoles primaires. Et, nous le répétons, il y a, au point de vue que nous étudions, une différence capitale entre les ouvriers des villes et les ouvriers des champs, petits propriétaires : les premiers ont des patrons qui les dirigent et entre les mains desquels ils deviennent des machines ; les seconds sont des patrons qui actuelle-ment, dans maintes circonstances, sont incapables de diriger leurs ouvriers, incapables de se diriger cux-mêmes.

Les petits paysans qui vont devenir plus tard cultiva-teurs, qui vont avoir des vignes ou des champs à cultiver, du bétail à élever, des fumiers à soigner, des engrais à em-ployer, etc., quittent l'école à l'âge de douze ou treize ans. A cet âge, les connaissances qu'ils possèdent sur le métier de cultivateur sont à peu près nulles. Ils ont entendu leurs parents causer des travaux des champs, apprécier à leur manière les causes de leurs succès ou de leurs revers : nous montrerons plus loin qu'il ne faut pas compter sur les parents pour donner à leurs enfants l'instruction agricole.

Est-ce à dire que le cultivateur peut seul, par l'observation, apprendre l'agriculture?

Grandissant dans sa famille, travaillant sous la direction de son père, le jeune garçon apprendra en quelques années, et sans grand effort intellectuel, la pratique de son métier. Il pourra devenir un excellent laboureur, un charretier parfait. Malheureusement il ne raisonnera pas plus que ses ancêtres. Il s'efforcera d'imiter son père sans pouvoir discerner, dans beaucoup de ses travaux agricoles, ce qui est bien de ce qui est mal; c'est ce que nous appelons la routine.

Certes, il observera lui aussi, et nous admettons bien qu'il acquerra quelque expérience. Mais quand l'observation n'est pas accompagnée de la théorie, c'est-à-dire de l'instruction, les fruits qu'elle donne, quand elle en donne, sont bien infimes.

Dans certains milieux, on divise les hommes qui s'occupent de questions agricoles en deux catégories, les *théoriciens* et les *praticiens*. Il serait temps d'en finir avec ces distinctions vaines. En agriculture, il n'y a pas aujourd'hui de théoriciens ni de praticiens : il y a ceux qui savent et ceux qui ne savent pas.

Le théoricien, nous entendons celui qui sait, a cette supériorité sur le praticien, c'est-à-dire le paysan de nos jours. Quand il observe, il sait et comprend ce qu'il fait; le praticien l'ignore. Et ce n'est pas seulement en agriculture que ce fait est vrai; c'est dans toutes les sciences, dans tous les arts, dans tous les métiers. Partout où il y a transformation de la matière, l'observation doit intervenir et l'intelligence doit chercher à s'expliquer ce qui se passe : le savant l'apercevra vite et verra juste; le praticien et l'ouvrier qui n'ont pas étudié ne verront rien ou interpréteront mal leurs observations.

Parmi les transformations complexes qui se produisent dans nos champs, quelles sont donc celles, aussi simples qu'on les suppose, que le paysan dont nous nous occupons a pu saisir par l'observation seule? Parmi les données de la science agricole actuelle, science trop renfermée dans des écoles trop peu nombreuses, quelles sont donc celles qui ont été découvertes par des praticiens? Personne n'ignore que, pour tous les petits cultivateurs et la plupart des grands, les questions d'*azote,* de *potasse, d'acide phosphorique,* etc., sont des questions auxquelles ils ne comprennent rien.

Ne comptons donc pas que le cultivateur pourra apprendre seul, par l'observation ou par l'intuition, son métier si difficile. Nous allons montrer, dans le chapitre suivant, qu'il est illusoire de compter, pour répandre l'instruction agricole parmi les habitants des campagnes, sur tous les moyens qui sont actuellement mis à la disposition du paysan : conférences du professeur départemental, presse agricole, syndicats, etc.


# CHAPITRE II


Quels sont les moyens mis actuellement à la portée des trois millions de petits cultivateurs français pour acquérir l'instruction agricole? 1º la famille; 2º les conférences du professeur départemental; 3º les concours agricoles; 4º la presse agricole; 5º les syndicats agricoles.

nsuffisance de tous ces moyens.

Conséquences de l'état de choses actuel : routine et, par suite, misère chez les paysans, dépopulation des campagnes; crédulité et superstition.

Idéal à atteindre.


1.º On compte surtout sur la famille pour donner aux jeunes paysans l'instruction professionnelle. Or le père de famille est-il dans le cas de remplir cette tâche? Nous répondrons d'un mot. Est-ce que lui, le père de famille, possède cette instruction pour la donner à son tour à ses enfants? Il leur apprendra ce qu'il a appris autrefois de ses ancêtres, en y ajoutant les quelques observations plus ou moins vraies qu'il a pu faire. Il leur montrera à travailler, mais non à réfléchir et à raisonner. Il est évident qu'il ne peut enseigner une chose qu'il ne connaît pas.

Quant aux connaissances agricoles que les enfants peuvent acquérir dans les écoles qu'ils fréquentent jusqu'à l'âge de douze ou treize ans, nous en parlerons dans la suite; disons dès maintenant que, malgré les efforts qui ont été faits, les résultats obtenus peuvent être considérés comme nettement insuffisants.

2° Les enfants, devenus chefs de famille à leur tour, ont actuellement quelques moyens de s'instruire; nous allons les passer en revue.

A la tête de chaque département, en France, il existe un professeur départemental d'agriculture qui est chargé d'enseigner l'agriculture à l'école normale primaire et qui, chaque année, doit faire une vingtaine de conférences dans vingt communes différentes du département (il y a par département de cinq à six cents communes).

Nous avons toujours considéré comme très difficile cet enseignement de professeur ambulant. Dans une conférence d'une heure, le professeur départemental ne peut aborder les questions capitales de l'agriculture parce qu'il dispose de trop peu de temps et surtout parce que son auditoire n'est pas préparé à entendre discuter ces questions. Sans doute, il peut aborder certains sujets élémentaires d'agriculture. Mais la question si vaste et si importante des engrais à appliquer au sol, même la traditionnelle conférence sur les soins à donner au fumier, la question des assolements, celle des labours et défoncements, etc., ne peuvent être traitées avec fruit devant des paysans non préparés.

Tant que les cultivateurs ne sauront pas ce que c'est que la plante, comment la plante vit, se développe, se nourrit, de quoi elle se nourrit; tant qu'ils ne sauront pas comment les éléments qu'ils doivent fournir au sol, — azote, potasse, acide phosphorique, chaux, — se comportent quand ils sont dans la terre; tant que les cultivateurs ne posséderont pas bien ces *notions préliminaires*, les meilleures conférences qu'on peut leur faire seront toujours infructueuses.

Est-ce à dire que le professeur départemental peut se charger d'enseigner ces notions aux paysans? Evidemment non. Ses élèves sont trop nombreux.

Et ces notions préliminaires ne peuvent pas être enseignées en quelques heures, surtout à des hommes qui depuis longtemps sont étrangers aux études, aussi élémentaires qu'elles soient. Il faut que ces notions soient enseignées lentement, graduellement, à des intelligences jeunes. L'école primaire n'est-elle pas toute désignée pour cette tâche?

Le professeur départemental doit consacrer la plus grande partie de son temps à son enseignement à l'école normale. Il doit être, en outre, le grand conseiller des sociétés d'agriculture, syndicats, etc., qui existent dans son département. Sans se mêler en rien de l'administration de ces sociétés, il doit en suivre tous les actes, et c'est à lui qu'incombe le devoir de les mettre dans le bon chemin si elles venaient à s'en écarter, c'est-à-dire si elles recommandaient des pratiques agricoles en contradiction avec les données de la science. Il doit être à leur entière disposition pour renseignements et conseils : rien de ce qui touche aux choses agricoles ne doit le désintéresser. Il doit se tenir au contact avec les agriculteurs, leur fournir par correspondance tous les renseignements qu'ils désirent ; et, quand ces renseignements ont un caractère général, il doit user largement de la voie du journal local, où, la plupart du temps, les chroniques agricoles sont faites par des hommes plutôt désireux d'émarger au budget du journal ou vaniteux de leur signature que désireux d'instruire les paysans.

On fait de grands efforts aujourd'hui pour multiplier les professeurs spéciaux d'agriculture. Lors même qu'on serait arrivé à installer partout des professeurs d'arrondissement, les paysans ne profiteraient pas beaucoup plus de l'enseignement agricole, car les mêmes inconvénients subsistent toujours : trop d'élèves et élèves mal préparés.

Irait-on jusqu'à placer à la tête de chaque canton un professeur d'agriculture, que la question ne serait pas encore résolue. Il faudrait arriver à en installer un dans chaque commune rurale. Mais ce professeur existera sans frais quand on le voudra. Il est là, et ne refuse pas de se mettre à la besogne : c'est l'instituteur.

3° Les concours agricoles, surtout les comices, — nous ne parlons pas des concours régionaux qui sont trop rares et trop loin pour que le paysan en profite, — sont, pour le cultivateur, un moyen d'instruction. Il s'y rend volontiers, bien qu'il n'y expose rien, parce que le chef-lieu d'arrondissement ou de canton où se tient le concours est près de chez lui, parce que ce jour-là est un jour de fête, qu'il a l'occasion d'entendre les fanfares accompagnant le concours, etc.

Mais que peut-il apprendre dans les comices tels qu'ils sont organisés chez nous? Le sous-président ou tel autre membre influent du comice a exposé sa plus belle tête de bétail, le plus joli poulain de son écurie, ou quelques poignées de beaux épis de ses blés ou de belles graminées de ses prairies : pour tout cela il a reçu des médailles. C'est très joli à voir, très curieux sans doute; mais le résultat instructif, où est-il?

L'essentiel ne serait pas de montrer ces beaux produits ; ce serait de dire comment, par quels moyens, ces beaux produits ont été obtenus. Or, cela ne se fait nulle part dans nos petits concours agricoles.

Et dans la plupart de ces associations, les médailles et les prix ne sont pas toujours donnés aux plus méritants. On ne récompensera pas le paysan qui tient le mieux sa comptabilité agricole ou celui qui tire le meilleur parti de ses purins; mais on récompensera celui qui tient le mieux la charrue. Affaire d'intelligence dans le premier cas, affaire de muscles dans le second : ce n'est pas sérieux.

Et cependant Boussingault a écrit en 1851 : « Les sociétés d'agriculture, aujourd'hui si multipliées, rendraient un véritable service si elles encourageaient par tous les moyens dont elles disposent l'économie des engrais; si elles recherchaient, pour les récompenser, les

cultivateurs qui conservent leurs fumiers de la manière
la plus rationnelle ! »

Les concours agricoles peuvent devenir un moyen
d'instruction pour les petits cultivateurs, mais à la condition qu'ils soient plus intelligemment dirigés, et, pour
beaucoup d'entre eux, complètement réorganisés.

4° La presse, en général, est un excellent moyen de
vulgarisation, et, certes, la presse agricole en France
rend de grands services. Mais à qui rend-elle des services ?
Comptez le nombre de propriétaires ou de fonctionnaires
lisant les journaux agricoles sérieux, et comparez ces
quelques milliers de lecteurs aux trois millions de paysans
dont nous nous occupons.

Et lors même que les journaux agricoles seraient plus
répandus, nous nous demandons ce qu'y gagneraient les
paysans qui les liraient, car l'essentiel n'est pas de lire,
mais de comprendre ce qu'on lit. Les paysans ne se
mettront à lire les journaux agricoles que le jour où ils
seront débrouillés avec les notions préliminaires à l'agriculture.

5° Les sociétés d'agriculture, les syndicats agricoles,
distribuent quelquefois à leurs adhérents des bulletins
périodiques qui ne sont autres que des journaux agricoles.
Les comptes rendus de réunions, les conférences faites
sous le patronage de ces associations, contribuent également à la diffusion de l'enseignement agricole.

Mais il s'en faut de beaucoup que tous les paysans
fassent partie de sociétés agricoles ou de syndicats bien
dirigés. En serait-il ainsi qu'il ne faudrait pas exagérer la
valeur de ce moyen d'instruction. Nous retombons dans
le cas précédent : les cultivateurs ne retireront de sérieux
services des syndicats agricoles que le jour où ils seront
moins ignorants.

Quelles sont les conséquences de cette grave situation ?

Que l'on parcoure en France les pays de petite culture,
et ils sont les plus nombreux. Là où l'élevage est possible, une aisance relative règne chez les populations.
Mais ailleurs, dans les calcaires jurassiques, par exemple,

nombreux sont les cultivateurs qui, à la fin de l'année agricole, n'ont pas un bénéfice égal au chiffre d'impôts qu'ils paient. Ignorant les principes élémentaires qui sont la base de l'agriculture, partout ils copient scrupuleusement les procédés qu'ils ont vu appliquer quand ils débutaient dans la carrière.

Combien de pays où se pratiquent encore en France l'assolement triennal avec l'antique jachère ! Le bétail indispensable à l'exploitation est élevé sans souci des principes élémentaires de la zootechnie. Le maquignon du village est là pour procurer aux cultivateurs les animaux de travail ; cet industriel finaud fréquente les foires et marchés des contrées d'élevage, achète à bon compte des animaux quelconques qu'il revend naturellement le plus cher possible, d'autant plus cher que le cultivateur est moins en état de payer.

N'ayant aucune connaissance sur les engrais, les paysans ne soignent pas leur fumier : la mare du village est le réservoir commun où le purin vient s'accumuler par les caniveaux communaux.

Les paysans n'emploient pas d'engrais chimiques. Nous devons reconnaître. qu'ils ont bien raison ; en utilisant comme engrais des matières dont ils ignorent complètement l'emploi judicieux, ils subiraient sûrement des mécomptes.

On a fait d'excellentes lois sur les syndicats agricoles, et, certes, ces associations peuvent rendre d'importants services. Mais, dans les pays de petite culture, — puisque ceux-là seuls nous occupent, — est-ce que tous les cultivateurs comprennent bien les avantages considérables de ces associations ? Dans certaines campagnes, quand on prononce le mot syndicat, on se trouve en face de gens qui, visiblement, ne connaissent ni le mot ni la chose qu'il exprime.

Les paysans connaissent-ils les lois qui répriment les fraudes des engrais ? Combien d'entre eux ignorent même qu'il existe dans leur département un professeur d'agriculture chargé de leur donner gratuitement des conseils !

Enfin, si les paysans qui lisent des journaux agricoles sont rares, ceux qui possèdent une bibliothèque agricole sont bien plus rares encore.

La conséquence première de l'état de choses actuel, — insuffisance de l'instruction agricole du paysan, — c'est que le cultivateur devient fatalement l'homme de la routine, que les conférences et autres moyens sont insuffisants pour le sortir de cette ornière et que, quoi qu'il fasse, il ne peut retirer du sol les produits qu'une intelligence éclairée en obtiendrait.

L'agriculture souffre, dit-on, de tous côtés; en France, on récolte en moyenne 15 à 16 hectolitres de blé à l'hectare, on pourrait en récolter 20. Quel est le remède à cela? Que l'on consulte M. Lecouteux, M. Risler, et toute la Société nationale d'agriculture. Aucun de ces messieurs ne répondra : le paysan laboure mal ses terres, il ne sait pas faire sécher ses foins, ses cultures sont mal appropriées au sol, il a des outils défectueux. Tous diront : si le paysan veut améliorer son avoir, il doit diminuer ses frais de revient en récoltant davantage à l'hectare, et, pour cela, il doit se conformer aux données de la science, faire des labours appropriés, modifier ses assolements, employer les engrais complémentaires, bien soigner le tas de fumier, etc.

Eh bien ! si là est le remède, il n'y a pas à hésiter; il faut en instruire le paysan. On ne peut avoir la prétention d'augmenter les rendements en France en instruisant seulement les gros fermiers ou propriétaires. Il faut que la masse entière, il faut que ces trois millions de petits propriétaires appliquent tous le remède si l'on veut que la production agricole augmente. Ce ne sont pas les 142000 exploitations supérieures à 40 hectares qui, seules améliorées, relèveront de beaucoup la moyenne de la production en France; ce sont les 727122 exploitations de 10 à 40 hectares et les 2635000 exploitations de 1 à 10 hectares qui doivent être mieux cultivées.

Et si l'on admettait qu'il y a impossibilité d'instruire le paysan, il est évident qu'il faudrait déclarer dès aujourd'hui que la production de la France n'augmenterait presque plus, puisqu'elle est en grande partie entre les mains des paysans. Il serait alors parfaitement inutile de se lamenter sur ce qu'on appelle la *crise agricole*. Il ne nous resterait plus qu'à dire : « Nous n'y pouvons rien, » parce que les paysans ignorent les éléments les plus » simples de l'agriculture et que nous ne voyons pas le » moyen de l'instruire. »

Mais cet état dans lequel vit actuellement l'homme des champs a d'autres conséquences que celles que nous venons d'entrevoir. Combien n'a-t-on pas parlé de la dépopulation des campagnes et de la dépopulation générale de la France ! Est-on sûr que l'état que nous signalons n'y est pour rien ?

Dans la séance de la *Société d'économie politique* du 5 mars 1890, M. Levasseur montrait, par les chiffres suivants, la décroissance de la natalité en France :

De 1801 à 1810, il y avait 32,2 naissances par 1 000 habitants;
De 1841 à 1850,   —    27,4        —
De 1881 à 1888,   —    24         —

Et il ajoutait : « Aujourd'hui la diminution de la na-
» talité est si prononcée qu'avec une population qui
» dépasse 37 millions d'habitants, nous avons, sous la
» troisième République, un nombre total de naissances
» inférieur à celui que comptait la Restauration avec
» 31 millions d'habitants. Depuis quelques années la
» France n'aurait pas même d'excédent sur les décès si
» elle n'avait pas de naissances illégitimes : le croît se
» compose de bâtards. »

Quant à l'émigration des campagnes vers les villes, elle est certaine. Une commission, sous la présidence de M. Levasseur, fut nommée en 1881-82 pour dresser la statistique de l'enseignement primaire. Nous trouvons les chiffres et renseignements suivants dans le rapport qu'elle a publié (page XXIX) :

« La population urbaine (communes supérieures à 2000 habitants) augmente constamment et figure à chaque recensement pour une proportion plus forte dans le total de la population française. En 1876, elle était de 32,44 pour 100; en 1884, de 34,76. Cependant la natalité dans les campagnes est supérieure à celle des villes. La statistique générale (ministère du commerce) a calculé en 1881, d'après l'excédent des naissances sur les décès, que l'augmentation de la population rurale aurait dû être de 18,8 pour 1000 dans l'intervalle des recensements 1876-81 et celle des populations urbaines de 3,2 seulement. C'est le contraire qui a eu lieu : la population rurale a perdu 14 pour 1000 et la population urbaine a gagné 93 pour 1000. Or cela n'a pu se produire que par l'émigration d'adultes des campagnes vers les villes.

En 1876, la population des campagnes était de 24 728 392 habitants, celle des villes de 11 977 396; en 1881, la population des campagnes était de 24 575 506 habitants, et celle des villes de 12 096 542. »

Depuis 1846, c'est-à-dire à partir du développement des chemins de fer, tous les recensements, sauf celui de 1861, ont établi cette émigration des campagnes vers les villes.

Aujourd'hui, le mouvement est plus intense que jamais; et aucune mesure n'est tentée pour l'enrayer ! Nous pourrions presque ajouter : au contraire. La manie du fonctionnarisme, qui de plus en plus envahit tous les Français, est certainement, à l'heure actuelle, une des causes de ce mal qui, envisagé dans ses conséquences, est vraiment inquiétant.

Un jeune paysan qui se sent un peu supérieur à ses camarades, au point de vue intellectuel, ne peut pas s'attacher à cette vie des champs dont on ne lui a jamais dit de bien, qui lui apparaît (et que ses parents lui représentent) comme une vie de travail acharné et de privations; il veut avoir une place, devenir employé des chemins de fer, facteur rural..... n'importe quoi, pourvu qu'il émarge à un budget, et que, régulièrement, chaque mois, il reçoive ses appointements. Est-ce que le paysan, son père à lui, est sûr d'obtenir à époque fixe la récompense de son laborieux travail ?

Nos députés actuels et en général tous les élus du suffrage universel qui favorisent, par leurs complaisances
à l'égard de leurs électeurs, cette dépopulation des campagnes, ne se doutent pas du mal qu'ils font ainsi à
l'agriculture en lui enlevant ceux qui seraient plus tard
ses plus intelligents travailleurs.

L'instituteur, qui est le mieux placé pour agir, a, au
point de vue qui nous occupe, un grand rôle à jouer.
Nous comptons beaucoup sur lui pour empêcher le mal
de s'étendre. Dans son enseignement aux élèves, dans
ses conversations avec les paysans, ne devrait-il pas
détourner les uns et les autres de cette idée, niaise tellement elle est fausse, qui consiste à croire que le
bonheur existe partout en dehors du pénible labeur des
champs ?

Que l'on veuille bien se donner la peine de rechercher
les causes du mal que nous signalons ; on verra que la
plupart d'entre elles ont pour origine l'ignorance du
paysan sur les choses de l'agriculture.

Le père de famille, qui a de la peine à vivre dans son
domaine, ne fera rien pour empêcher son fils aventureux
d'aller porter son travail dans l'industrie des villes. Et
d'ailleurs, ne lui vantez pas les beautés et les avantages
de sa profession de cultivateur, il n'est pas en état de les
comprendre.

Il faut absolument que l'instituteur s'efforce de faire du
jeune paysan un homme qui comprenne la vie rurale,
comme à l'heure actuelle il s'efforce d'en faire un homme
qui comprend la vie civile : l'éducation de citoyen et celle
de travailleur des champs doivent être menées de pair
dans nos écoles de campagne.

Une autre des conséquences de l'ignorance des paysans
sur les choses de leur métier, c'est qu'ils deviennent facilement des hommes crédules, superstitieux, remplis de
préjugés. Et, chose curieuse, quand on veut leur donner
des conseils, on les trouve très défiants. Il faut avoir réel-

lement vécu à la campagne avec les paysans pour savoir jusqu'où va leur crédulité ; nous en avons entendu accuser le gouvernement parce qu'ils faisaient de mauvaises récoltes.

Instruire le cultivateur, voilà le but à atteindre avant de songer à toute autre réforme agricole. Lui donner les principes les plus élémentaires des sciences sur lesquelles repose l'agriculture ; lui faire aimer les études agricoles et lui donner le goût de lire les publications, journaux et revues qui peuvent l'instruire dans son métier ; lui permettre de comprendre au moins en partie les phénomènes si divers qui se passent sous ses yeux et qu'il ne soupçonne pas, et par là détruire en lui ces germes malfaisants de superstition et de crédulité ; élever son niveau moral et le rendre meilleur : tel est l'idéal vers lequel nous devons tendre.

Et nous y arriverons, comme le disait P. Bert, par l'école et pour la patrie.


# CHAPITRE III

Quelques mots sur l'historique de l'enseignement agricole à l'école primaire. — Efforts tentés jusqu'à ce jour. — L'enseignement actuel.


Dans un projet de décret de septembre 1791, les législateurs, fixant le cadre de l'enseignement primaire, disaient en parlant des jeunes élèves : « On les rendra souvent témoins des travaux champêtres et des ateliers ; ils y prendront part autant que leur âge le leur permettra. »

Ainsi, les hommes de la Révolution française, qui ont fait tant de grandes choses touchant l'instruction publique à tous les degrés, ont pensé que les jeunes paysans devaient, à l'école primaire, apprendre quelques notions d'agriculture.

Pour des raisons que nous n'avons pas à examiner,

l'enseignement primaire fut, dans la suite, longtemps négligé. C'est seulement en 1867 que M. Duruy lui rendit son importance : la République n'eut qu'à continuer l'essor donné par le ministre libéral de l'empire.

M. Duruy prit à cette époque diverses mesures dans le but de créer l'enseignement agricole à l'école primaire. En voici le résumé, d'après M. Cadet (Journal *l'Instruction primaire*, du 22 janvier 1888) :

« 1° Les conseils départementaux avaient la faculté de modifier les règlements des écoles primaires quant à la fixation des heures de travail et de l'époque des vacances, afin de concilier les exercices classiques avec les occupations des champs, sans toutefois que la durée totale de ces exercices pût être, en aucun cas, inférieure à trois heures par jour de classe, et celle des vacances à un mois.

» 2° L'enseignement agricole, dont le programme avait été mûrement élaboré, ne comprenait que les principes fondamentaux, vrais partout et toujours : la connaissance des terrains, des amendements, des engrais, des assolements, etc.; on laissait aux autorités scolaires le soin de les compléter sur l'avis des sociétés d'agriculture par les faits particuliers aux cultures de chaque localité.

» 3° Le ministre recommandait l'installation d'un cours d'agriculture et d'horticulture approprié au département dans celles des écoles normales où ce cours n'avait pas été régulièrement établi. Une ou deux fois par semaine, le professeur devait donner dans l'amphithéâtre, aux élèves réunis en deux ou trois divisions, une leçon d'agriculture et en exiger la rédaction. Il devait accompagner les élèves dans les promenades du jeudi et leur faire visiter des fermes. Le ministre disait à ce sujet : « Il est impossible de renfermer dans un cadre tout à fait déterminé le programme d'agriculture que les écoles normales devront adopter. Ce programme sera arrêté par le conseil départemental sur l'avis de la société d'agriculture ou du comice agricole du département. »

» 4° Recommandation était faite aux instituteurs des communes rurales de donner, par le choix des dictées, des lectures, des problèmes, une direction agricole à leur enseignement. »

Le programme de l'enseignement agricole, élaboré en 1867, pour l'école rurale, — principes fondamentaux d'agriculture, vrais partout et toujours, — était absolument parfait. Il n'y a rien à y ajouter aujourd'hui.

La loi du 28 mars 1882 a réorganisé l'enseignement primaire en France. Cet enseignement comporte :

« Les éléments des sciences naturelles, physiques, mathématiques, leurs applications à l'hygiène, aux arts industriels, travaux manuels et usages des outils des principaux métiers. »

Un arrêté du ministre de l'instruction publique, du 18 janvier 1887, vint fixer les instituteurs. On y lit, art. 12, § 3 :

« L'enseignement scientifique occupera en moyenne et suivant les cours une heure à une heure et demie par jour, savoir : trois quarts d'heure à une heure pour l'arithmétique et les exercices qui s'y rattachent, et le reste du temps pour les leçons de choses et les premières notions scientifiques. »

Ainsi, un quart d'heure ou une demi-heure par jour pour l'enseignement des sciences naturelles, physiques, leurs applications à l'hygiène, aux arts industriels, etc. : voilà le règlement en vigueur aujourd'hui.

Mais les écoles primaires élémentaires ont leur programme détaillé pour chaque matière; et voici ce programme pour l'agriculture (cours supérieur, de onze à treize ans) :

*Premier semestre.* — « Notions plus méthodiques sur les travaux agricoles, les outils aratoires, le drainage, les engrais naturels et artificiels, les semailles et les récoltes, sur les animaux domestiques, sur la comptabilité agricole.

*Deuxième semestre.* — Notions d'horticulture : principaux procédés de multiplication des végétaux les plus utiles de la contrée. Notions d'arboriculture; greffes les plus importantes. »

Remarquons que le temps consacré à l'enseignement de l'horticulture est le même que celui qui est consacré à l'agriculture.

Certes, il ne manque pas de murailles dans nos campagnes qui pourraient être garnies d'arbres fruitiers ; il ne manque pas de paysans qui achètent des légumes au lieu d'en produire dans leur jardin. Ces faits sont déplorables, sans doute. Mais il y a, à côté de ceux-là, d'autres faits qui sont bien plus déplorables et inquiétants ; c'est l'ignorance de ces mêmes paysans sur leur métier de cultivateur, sur la végétation de la plante, sur le sol, les engrais, les amendements, etc., ignorance qui a une influence néfaste sur la fortune publique du pays d'abord et sur son niveau moral ensuite.

Mais, en ce qui concerne l'agriculture seule, le programme manque de précision, et nous ne savons pas trop ce que peut faire l'instituteur, dont la préparation est insuffisante au point de vue qui nous occupe.

Il est probable que les résultats obtenus n'ont pas été favorables ; car, moins d'un an après l'élaboration de ce programme, par arrêté du 25 octobre 1887, le ministre de l'agriculture instituait une commission chargée d'étudier les moyens de perfectionner l'enseignement agricole dans les établissements universitaires, et particulièrement dans les établissements d'enseignement primaire.

Puis, le 5 décembre suivant, un arrêté recommandait au préfet d'introduire dans les délégations cantonales « des praticiens agricoles qui se soient distingués dans les concours régionaux ».

Ensuite, on mit à exécution une idée qui, depuis quelque temps, circulait dans les sphères ministérielles. Le ministre de l'instruction publique prit un arrêté (6 décembre 1887) aux termes duquel « il serait décerné en 1888 des prix spéciaux aux vingt instituteurs ou institutrices qui auraient donné avec le plus de zèle et de succès, d'une manière théorique et pratique, l'enseignement agricole à leurs élèves ».

Mêmes dispositions furent prises en 1888, 1889.

On voit, par cette suite ininterrompue d'arrêtés et de circulaires, que les pouvoirs publics reconnaissent qu'il y a dans l'enseignement primaire une grande lacune à combler.

Enfin, le Congrès international de l'enseignement primaire, réuni en 1889, avait trois questions à discuter parmi lesquelles était la suivante :

*Sous quelle forme et dans quelle mesure l'enseignement professionnel (agricole, industriel et commercial) peut-il être donné dans les écoles normales?*

Nous aurions aimé à voir un texte moins général. Pourquoi tout mêler? Qu'est-ce que l'industrie et le commerce ont à faire dans les écoles primaires? Nous avons dit précédemment que les ouvriers de l'industrie avaient des patrons, que leur instruction professionnelle se faisait par l'apprentissage quand elle était urgente.

Et le commerce? Nous nous demandons ce que l'instituteur peut enseigner sur ce sujet.

Mais nous nous permettons de trouver étrange l'idée de soumettre une telle question à un congrès d'instituteurs. Pour pouvoir étudier d'une manière fructueuse une semblable question, il faut sans doute bien savoir ce que c'est qu'une école primaire. Mais il faut aussi être bien au courant de la science agricole ou plutôt des sciences sur lesquelles repose l'agriculture; bien connaître les paysans avec leur routine et leur ignorance et savoir quelles sont les notions qui leur manquent pour bien faire. Nous pensons que le Congrès n'a pas résolu la question de l'enseignement de l'agriculture par l'école primaire en répondant :

« L'enseignement agricole à l'école primaire, souvent aidé par les leçons, devoirs, lectures et surtout par le musée, le jardin et les promenades scolaires, s'appuiera essentiellement sur des expériences simples relatives aux végétaux. »

A-t-on cherché dans cette assemblée à discerner, parmi les données de la science actuelle, celles que le paysan ignorait et que l'école primaire pouvait lui apprendre? Non; les instituteurs ne l'ont pas fait parce qu'ils ne pouvaient pas le faire; et les résolutions qu'ils ont formulées n'ont ni changé ni avancé la question.

Voyons cependant comment, aujourd'hui, l'enseignement de l'agriculture est compris dans les écoles primaires. Pour cela, il nous suffit d'étudier ce que font les instituteurs là où l'enseignement agricole est obligatoire, et ce que font, ailleurs, ceux qui ont été primés pour avoir donné cet enseignement avec le plus de zèle et de succès.

Dans le département du Nord, les essais les plus sérieux ont été tentés pour introduire à l'école rurale l'enseignement agricole. M. Brunel, directeur de l'enseignement primaire de ce département, rend compte des résultats obtenus dans un article de l'*Annuaire de l'enseignement primaire*, 1890. La loi du 15 juin 1879 dispose que, dans les départements pourvus depuis trois ans d'un professeur d'agriculture, le conseil départemental de l'instruction publique peut décider l'obligation de l'enseignement agricole dans les écoles primaires du département : le Nord était dans ce cas.

Le professeur d'agriculture de l'école normale de Douai rédigea un programme sur lequel furent consultés des agriculteurs éminents et les inspecteurs primaires. Ce programme fut adopté en haut lieu; on décida que tout l'après-midi du mercredi serait consacré à l'enseignement agricole.

Les instructions données à l'instituteur, d'accord avec les vœux des agriculteurs, tendent à renfermer l'enseignement autant que possible dans l'*agriculture locale :* il nous semble cependant que l'on ne peut entreprendre une étude agricole spéciale sans avoir des notions sur la terre, le sol, les engrais, etc.

Dans son article, M. le Directeur de l'enseignement primaire cite comme un modèle les expériences culturales tentées par un instituteur des environs de Lille. Si le premier carré d'expériences a été bien conduit, il n'en est pas de même pour le deuxième et le troisième. Dans le deuxième carré, l'instituteur a essayé l'action du sel marin; or, le sel marin ne renfermant aucun des éléments indispensables à la plante, son action a dû être douteuse.

Dans le troisième carré, on a assayé l'action de la silice et de l'alumine, principes que l'on rencontre accidentellement dans les plantes, mais qui ne sont pas indispensables à la végétation. Ces deux carrés ne pouvaient donner que des résultats erronés et par conséquent nuls.

Des notions très élémentaires de chimie étaient associées au programme, mais... le maniement des outils était de rigueur pour le travail du jardin. Nous croyons sincèrement que ce n'est pas en faisant cultiver soigneusement le jardin scolaire par les jeunes paysans que l'on développera l'agriculture française.

Le musée scolaire, destiné à devenir un musée communal, devait comprendre les animaux, les oiseaux, les insectes, les productions végétales et minérales de la région et les produits de l'industrie qui se rattachent à l'agriculture. Mais il nous semble que les paysans les plus illettrés connaissent bien les animaux, les oiseaux de leur région, les productions végétales, etc. ; ce n'est pas cela qu'il faudrait leur apprendre.

Tous ces essais, faits dans le département du Nord, quoique tentés très sérieusement, ne nous satisfont donc nullement, car ils ne conduisent pas au but que nous nous proposons, but que nous avons défini au chapitre précédent.

Voyons maintenant ce que font les instituteurs qui ont été reconnus les plus aptes à donner l'enseignement agricole.

Tout d'abord, il en existe une catégorie, peu nombreuse heureusement, qui est la clientèle attitrée des médailles distribuées par les comices. Beaucoup de comices tiennent avant tout à ce que le jour du concours agricole soit une fête, et une fête attrayante. Aussi les fanfares, les jeux et divertissements, rien ne manque pour attirer les campagnards à la ville.

C'est probablement dans le même but qu'on installe une exposition scolaire agricole. Rien de plus pittoresque, et en même temps de plus piteux, que ces exhibitions. A côté de carottes immenses dessinées et coloriées avec beaucoup de soin par des élèves, se trouvent des cartes agrologiques (?) qui sont des travaux d'instituteurs. On y rencontre aussi de nombreux dessins d'instruments agricoles copiés par les élèves sur des modèles ou des catalogues, mais dont l'auteur n'a jamais vu l'instrument et serait parfaitement incapable d'en énumérer les diverses pièces.

Les comices ne se doutent pas combien ils font perdre de temps aux instituteurs et à leurs élèves en les excitant par des médailles ou des prix à négliger les travaux scolaires utiles pour s'occuper de vétilles; malheureusement les comices sont persuadés qu'ils rendent ainsi des services et favorisent l'enseignement de l'agriculture par l'école primaire.

Quand un élève a passé un mois à dessiner et à colorier très soigneusement une carotte, une betterave ou même une charrue, en quoi ces divers travaux lui ont-ils donné des notions d'agriculture? Et quand un instituteur a négligé sa classe pendant toute une année pour confectionner la carte agrologique de sa commune, carte où il a distingué par de belles teintes les terrains *silico-argileux* ou *silico-argilo-calcaires* (expressions surannées qui ne répondent à rien), s'imagine-t-il avoir fait quelque chose pour l'enseignement de l'agriculture? Nous pourrions citer deux instituteurs qui, il y a quatre ou cinq ans, avaient fait en collaboration une carte agrologique; ils passèrent une année à y travailler et obtinrent le prix qui se composait d'une médaille d'or et de 100 francs. Ils ne s'accordèrent pas pour partager le prix, se brouillèrent, et la carte, qui avait exigé tant de travail, fut finalement coupée en morceaux et détruite. Comme ces deux instituteurs devaient être convaincus de l'utilité de cette carte pour l'enseignement agricole!

Mais il y a quelque chose de plus grave. Un instituteur qui a déjà obtenu des médailles, veut grossir sa collection; et bientôt son unique préoccupation n'est plus de bien diriger sa classe, mais de faire des travaux, n'importe quoi, et de les envoyer dans les expositions agricoles. Et il arrive que cet instituteur envoie le même travail dans plusieurs concours différents, — le fait est certain, — et peut recevoir ainsi autant de médailles.

Heureusement que les *coureurs de médailles* sont assez rares parmi les instituteurs, que la poudre qu'ils jettent aux yeux n'a pas un effet durable, et qu'en définitive, ils sont jugés à leur juste valeur par leurs collègues et leurs supérieurs.

Mais les comices organisent des concours entre les élèves des écoles primaires. Il n'y a généralement qu'une question écrite à traiter. Le plus souvent toutes les écoles de la circonscription y prennent part, chaque instituteur envoyant au moins un élève.

Ceci est déjà plus sérieux. Cependant il ne faudrait pas croire que l'instituteur, bien qu'il s'occupe beaucoup de la préparation de ses élèves à ces sortes de concours, donne dans sa classe un enseignement méthodique de l'agriculture. Deux ou trois mois seulement avant la date du concours, il met entre les mains de ses élèves l'ouvrage qui lui semble le meilleur; et, surtout pendant les quinze jours qui précèdent l'examen, les élèves sont surmenés et font des efforts de mémoire inouïs pour apprendre la matière de leur livre. Arrive le jour de l'examen, et souvent les élèves qui mériteraient des récompenses échouent parce que le sujet est mal choisi. Dans un concours agricole entre les élèves d'un arrondissement, il y a quelques années, le sujet à traiter était : *les abeilles.*

Pourquoi ne pas faire choisir le sujet de composition par le professeur départemental ou le professeur d'arrondissement? Pourquoi ne pas compléter l'examen par des interrogations orales qui permettraient aux examinateurs de se rendre compte exactement de la valeur de l'élève et de celle du maître qui l'a préparé?

Quoi qu'il en soit, aussitôt l'examen passé, on ferme les livres d'agriculture, et les élèves oublient vite les notions qu'ils ont d'ailleurs mal apprises, parce qu'ils les ont apprises sans méthode et uniquement en vue du concours.

Enfin, il existe une petite catégorie d'instituteurs qui,

plus particulièrement que les autres, sont reconnus aptes à donner l'enseignement agricole : ce sont ceux qui ont été récompensés en vertu de l'arrêté du 6 décembre 1887, dont nous avons parlé plus haut.

Nous avons rendu visite à l'un d'entre eux. Nous pouvons affirmer qu'il ne connaît rien aux questions agricoles essentielles. Il possède un beau musée scolaire, c'est-à-dire des échantillons de plantes cultivées (blé, luzerne, etc.), de graines communes, etc., bien étiquetés. Il a fait quelques expériences sur les variétés de blés..... dans son jardin. L'enseignement agricole qu'il donne dans sa classe n'est ni rationnel ni scientifique.

Il n'y a d'ailleurs aucune illusion à se faire. Dans une réunion pédagogique cantonale, en 1890, les instituteurs avaient à traiter le fameux sujet : *De l'enseignement de l'agriculture à l'école primaire*. Or leur inspecteur primaire (1) n'a pas craint de déclarer que les instituteurs n'étaient nullement en état de donner à leurs élèves l'enseignement agricole. Il demanda que le professeur départemental fît aux instituteurs des conférences que ces derniers seraient chargés de répéter dans leurs communes devant les cultivateurs.

En résumé, l'enseignement actuel de l'agriculture à l'école primaire est loin de nous satisfaire ; il nous faut absolument quelque chose de plus sérieux. Nous reconnaissons que de nombreux efforts ont été tentés pour introduire cet enseignement à l'école rurale. Les instituteurs ne manquent certes pas de bonne volonté ; ce sont eux, parmi tous nos fonctionnaires, qui rendent à la nation les services à la fois les plus précieux et les plus désintéressés. Mais tous leurs efforts pour enseigner l'agriculture n'ont pas donné de résultats satisfaisants, parce que leur instruction agricole est insuffisante et que, comme conséquence, leur enseignement n'est pas méthodique.

(1) M. l'Inspecteur primaire de Toucy (Yonne).

# CHAPITRE IV

Ce que doit être l'enseignement agricole à l'école primaire. —
Connaissances indispensables au cultivateur : programme à
adopter. — Discussion de la difficulté de cet enseignement.


Montaigne, dans ses *Essais*, rapporte qu'on demandait
à Agésilaus ce qu'il serait d'avis que les enfants apprissent. — « Ce qu'ils doivent faire étant hommes »,
répondit-il. Et Montaigne ajoute : « Ce n'est pas merveille si une telle institution (éducation) a produit des
effets si admirables. »

L'éducation donnée aujourd'hui aux jeunes paysans
tend avant tout à former des hommes, des citoyens. Mais
le paysan n'a pas seulement à devenir un citoyen ; il doit
plus tard subvenir à ses besoins et à ceux de sa famille en
exerçant un métier très difficile à comprendre et qu'il
n'apprend bien nulle part.

Nous sommes persuadé, et cela ressort de ce que nous
avons déjà dit, que l'éducation professionnelle des paysans
ne peut être faite qu'à l'école primaire.

En quoi doit consister cette éducation ?

« Le but des études, a dit M. Gréard, est avant tout de
créer l'instrument du travail intellectuel, de rendre le
jugement plus ferme, et, dès lors, il s'agit d'apprendre,
non tout ce qu'il est possible de savoir, mais ce qu'il
n'est pas permis d'ignorer. »

Serrons donc de près la question et examinons quelles
sont les notions qu'un cultivateur ne doit pas ignorer.

Les connaissances agricoles, enseignées dans les écoles
spéciales, sont généralement divisées en deux catégories :
les connaissances théoriques, les connaissances pratiques.

Cette division a été transportée dans les milieux agricoles. Là, elle est inexacte. Il faut, si l'on veut classer les connaissances agricoles d'un agriculteur, les diviser en trois catégories : connaissances théoriques, pratiques, expérimentales.

L'*expérience* ne s'enseigne pas dans les écoles; et il est bon de la distinguer de la *pratique*, avec laquelle on la confond souvent par manque d'observation.

L'expérience est une connaissance précieuse pour un agriculteur; elle s'acquiert d'autant plus vite que l'intelligence du sujet est plus développée et que son instruction scientifique est plus étendue. Il n'y a qu'un moyen de devenir expérimenté, c'est d'agir pour son propre compte. Chaque jour le cultivateur prend une nouvelle leçon en observant ce qui se passe sous ses yeux; et quand il a pris longtemps de ces leçons-là, quand il a éprouvé des revers par sa faute, il devient plus réfléchi, plus circonspect, plus mûr, plus homme, en un mot plus expérimenté. Malheureusement, en agriculture, il faut des années pour devenir expérimenté. Il va donc sans dire que ce n'est pas l'expérience que nous entendons enseigner aux enfants.

La pratique? D'après notre classification, la pratique consiste à savoir conduire les chevaux, la charrue, à savoir manier un outil quelconque, etc. C'est une affaire de force, d'adresse, bien plus que d'intelligence. La pratique dans la ferme, c'est le rôle du charretier, du laboureur. Il y a des ouvriers qui, par habitude, acquièrent un tour de main remarquable pour l'exécution de certains travaux : un homme qui pendant trente ans a tenu les mancherons d'une charrue finit par labourer avec une grande perfection; c'est de la pratique, c'est de l'art, si l'on veut. Mais, en agriculture, cela compte bien peu. Néanmoins, il faut une certaine éducation pour arriver à être bon praticien, et il y a des travaux qui nécessitent une habitude assez longue pour être bien exécutés. Mais il y a de la pratique courante, celle qui consiste à faire passablement et non artistement. Or, quand le jeune agriculteur a la force nécessaire, il lui faut bien peu de temps pour acquérir cette pratique-là.

Faut-il enseigner la pratique à l'école primaire rurale? La question ne se pose même pas. L'instituteur n'a aucune autorité pour aborder cet enseignement. Le professeur de la pratique, c'est le père de l'enfant. Sorti de l'école, l'enfant conduira les chevaux, chargera le fumier, etc. ; et, soyez sans inquiétude, s'il a du goût, il apprendra bien vite la pratique, seul et sans professeur.

La théorie, c'est-à-dire l'instruction? Voilà le champ qui reste à l'instituteur; c'est là qu'il doit travailler. Il doit s'en tenir à l'explication des faits agricoles élémentaires dont le paysan est chaque jour le témoin. Son programme peut se résumer ainsi : il doit apprendre à son élève les connaissances agricoles indispensables qui ne peuvent pas lui être enseignées dans le courant de sa carrière.

Précisons ici, une fois pour toutes, comment nous comprenons le rôle de l'instituteur dans nos campagnes :

Nous ne voulons pas qu'il devienne le conseiller agricole du cultivateur. Il n'aura pas à indiquer aux paysans quelles sont les meilleures variétés de blé à adopter, la meilleure race de bétail à élever, si telle culture doit être préférée à telle autre, etc. Nous aurons bien soin de lui dire qu'il doit absolument être réservé dans les conseils qu'il peut donner aux cultivateurs, et qu'il doit absolument s'abstenir toutes les fois que ses conseils auraient pour effet d'entraîner une dépense préventive quelconque. Il devra bien se garder, par exemple, de conseiller l'emploi de tel ou tel engrais commercial : d'autres plus aptes que lui sont chargés de cette tâche.

Mais nous voulons que l'instituteur donne à ses élèves des idées exactes sur les phénomènes naturels qui se passent autour d'eux, qu'il développe davantage leur instruction scientifique en leur apprenant comment la plante s'accroît et quels sont les aliments qui lui sont indispensables; ce qui se passe dans le sol, et quels sont les moyens dont un cultivateur dispose pour offrir à la plante sa nourriture; en leur expliquant que le purin est la partie la plus riche du fumier et que c'est une grande faute de ne pas le recueillir ; en leur disant ce que c'est que le phosphate naturel, par exemple, à quoi il sert, d'où il vient, ce qu'il coûte, etc. ; en leur apprenant à connaître toutes les bonnes plantes dans une prairie, etc., etc.

La tâche de l'instituteur ne sera pas accomplie entièrement, si, par son enseignement, il n'atteint pas les deux buts suivants :

1° Donner aux fils du cultivateur des notions scientifiques utiles, et par là travailler à détruire ces préjugés qui entretiennent le paysan dans une ignorance malsaine.

2° Faire comprendre ce que c'est que l'agriculture, et préparer ainsi les futurs cultivateurs à entendre une conférence du professeur départemental ou du professeur d'arrondissement.

L'instituteur ne doit parler que de faits *certains*, *précis*. Il faut, en outre, que ces faits soient *utiles* au cultivateur. Partant de là, tâchons donc d'établir le programme à suivre dans une école primaire rurale.

Toutes les opérations du cultivateur ont pour but plus ou moins direct d'obtenir des végétaux. Le cultivateur doit donc bien savoir ce que c'est qu'une plante. Quelques mots seulement d'organographie ; toute l'étude doit porter sur la physiologie végétale. Au chapitre *nutrition*, l'instituteur abordera les notions élémentaires de chimie en parlant des corps dont la plante se nourrit : azote, potasse, acide phosphorique, etc. Ces notions de chimie doivent être développées suffisamment. Vouloir comprendre l'agriculture sans comprendre ces éléments de chimie, c'est comme si on voulait devenir ingénieur sans connaître les principes élémentaires des mathématiques ou de la mécanique. Voilà la *première partie* du cours.

Dans la *deuxième partie*, viendra *l'étude du sol*, étude physique et chimique. L'élève sait de quels éléments est formée la plante : ces éléments existent-ils dans le sol et sont-ils en quantité suffisante ? — Etablissement d'un champ d'expériences. Et, comme complément à cette étude, pour terminer l'étude du milieu où vit la plante, quelques leçons sur l'atmosphère : composition de l'atmosphère, poussières et microbes de l'air, notions de météorologie.

*Troisième partie.* Les plantes que le cultivateur exploite ne poussent pas spontanément ; il faut aider le sol : de là l'étude des engrais et amendements, partie la plus importante du cours. Cette étude doit être complète : engrais naturels, fumiers, guanos, etc., engrais commerciaux (azotés, phosphatés, potassiques). Il faut étudier successivement les différents engrais naturels et commerciaux au point de vue de leur valeur et de leur emploi ; rien n'est plus utile au cultivateur que ces connaissances. Mais on n'aide pas seulement le sol par les engrais, on l'aide aussi par les cultures ; de là l'étude des labours, leur effet, leur but ; étude sommaire des outils agricoles.

*Quatrième partie.* Agriculture spéciale ; étude des céréales, des prairies, de la vigne, etc.

*Cinquième partie.* Le cultivateur emploie des moteurs animés ; il a des animaux qui produisent du lait, de la viande ; il doit donc bien connaître ces animaux.

*Sixième partie.* Enfin, le but de l'agriculture n'est pas de faire produire à la terre le plus de plantes possible. Le but que doit se proposer le cultivateur est de gagner le plus d'argent possible. Il y arrivera par l'application de certains principes qui feront l'objet d'un chapitre spécial : notions d'économie rurale.

Voilà ce qu'il est indispensable à un cultivateur de connaître. Voilà ce qu'il faut tâcher de lui apprendre à l'école primaire, puisqu'il est impossible de le lui apprendre autre part.

Ce programme convient à toutes nos écoles rurales, sans exception, qu'elles soient installées au milieu des vignobles de la Charente, dans les cultures de maïs ou de sorgho de la vallée de la Garonne, dans les plaines de la Flandre ou aux environs de la capitale. Partout où la petite culture existe, où vivent des familles agricoles, les enfants des cultivateurs doivent étudier ces notions à l'école du village.

Un jour, nous avons soumis ce programme à deux excellents instituteurs de nos amis. Tous deux ont répondu : Ces notions sont trop difficiles. Comment voulez-vous que nous enseignions tout cela? Nous avons à peine assez de temps pour étudier les matières du programme officiel. Et, ajouta l'un d'eux, nous-mêmes, nous ne savons pas la plupart des choses que vous voudriez nous voir enseigner.

Tout cela est à peu près exact; l'enseignement que nous demandons n'est pas très élémentaire, les programmes des écoles primaires sont déjà très chargés, et, en général, les instituteurs ne possèdent pas des notions sérieuses d'agriculture.

Nous allons discuter successivement ces trois points.

L'enseignement agricole, tel que nous en avons donné le programme sommaire d'autre part, n'est pas à la portée de l'enfant, dit-on ; sa jeune intelligence ne peut comprendre ces notions. Nous pensons que l'enfant apprend à l'école primaire des choses plus difficiles à saisir que les notions de chimie que nous voulons lui enseigner.

Et d'abord, ce n'est pas à un enfant de dix ans que nous avons affaire, c'est à un enfant qui passe sa dernière année sur les bancs de l'école, qui, par conséquent, est âgé de douze ou treize ans. Or celui-là a déjà exercé son intelligence et son jugement. En histoire, il possède quelques connaissances; mais en histoire il y a un enchaînement de faits qui ne peut être compris que par des efforts d'intelligence. En arithmétique, science abstraite, il connaît ses fractions, exécute des opérations difficiles, résout des problèmes compliqués, tout cela affaire d'intelligence. La langue française, le plus souvent, n'est pas sa langue maternelle; eh bien! ce petit paysan doit parvenir à écrire une page d'un livre en faisant moins de quatre fautes d'orthographe, s'il veut obtenir son certificat d'études ; or les règles de grammaire nécessitent, pour être appliquées, plus d'intelligence que de mémoire.

En sciences naturelles, le programme porte: *Idée des*

*principales fonctions de la vie* et *Notions sur l'air, l'eau, la combustion.* Est-ce que ces notions ne sont pas difficiles? Si vous admettez, disions-nous à nos deux instituteurs, qu'on peut enseigner aux enfants de quoi l'homme se nourrit, comment il digère, ce que c'est que l'assimilation, comment il respire, et ce qui se passe dans le phénomène de la respiration, vous pouvez tout aussi bien admettre qu'on peut lui enseigner de quoi se nourrit la plante, comment elle se nourrit, et ce qu'elle fait des éléments qu'elle a absorbés. Apprenez à un paysan ce fait, simple à énoncer et facile à retenir, que le sucre des végétaux est élaboré dans les feuilles, il sera facile à ce paysan de comprendre qu'une betterave à sucre dont les feuilles sont nombreuses et bien épanouies en rosette est une bonne betterave à sucre, qu'une vigne qui conserve ses feuilles vertes jusqu'à la vendange donnera, sauf accidents, un bon moût.

Le programme de sciences naturelles porte, avons-nous dit, *notions sur l'air, l'eau, la combustion...* Parlant de l'air à son jeune auditoire, l'instituteur doit dire qu'il est formé d'un mélange de deux gaz, l'un essentiel, l'oxygène, l'autre qui joue un rôle modérateur, l'azote. Passant à la leçon d'hygiène, il parlera de la pureté de l'air, de l'utilité d'aérer les locaux habités, etc., et dira que l'air est souillé par la présence de l'acide carbonique qui provient de la respiration de l'homme, que l'homme ou un animal quelconque périrait en quelques minutes dans une atmosphère d'acide carbonique. Il pourra même ajouter, — et cela intéressera l'enfant, — que cet acide carbonique ne s'accumule pas dans l'air, qu'il est assimilé par les plantes et qu'ainsi les plantes nettoient constamment cette atmosphère que nous souillons constamment. Voilà, nous nous imaginons, la leçon de choses à faire sur l'air.

Qu'est-ce que tout cela, sinon des notions de chimie? L'instituteur n'a-t-il pas prononcé les mots oxygène, azote, acide carbonique? Ne doit-il pas dire que les deux premiers éléments sont des corps simples, et essayer, par les moyens pédagogiques qu'on lui enseigne à l'école

normale, de faire comprendre, — nous ne disons pas dé-
finir — ce qu'on appelle un corps simple ? « La première
qualité du langage, a dit M. Bréal, c'est la propriété des
termes, et on est en droit de l'exiger de l'ouvrier et du
paysan aussi bien que du littérateur et du philosophe. »

L'instituteur fait déjà un peu de chimie à l'école primaire. Ce que nous demandons, c'est que l'instituteur en
enseigne davantage ; c'est qu'il parle, dans ses leçons sur
les éléments de la chimie, de choses qui intéresseront
l'enfant devenu homme, qui lui seront utiles plus tard
quand il sera aux prises avec la nature pour gagner sa
vie et celle de sa famille.

Que l'instituteur enseigne à son élève qu'une plante ne
peut se passer de potasse pour vivre ; il n'a pas besoin
pour cela de lui montrer le corps dont il parle. Est-ce
qu'il lui montre l'oxygène dont l'air est formé, l'hydro-
gène qui est dans l'eau ? Que dans un devoir d'agriculture
l'enfant écrive ces mots qu'il a lus dans son livre ou qu'il
a entendu prononcer par son maître : la potasse est indispensable à la plante. Il retiendra le fait ; c'est tout ce que
nous désirons.

Et il le retiendra aussi bien qu'il pourrait retenir des
futilités comme celles-ci que l'on rencontre dans certains
livres d'agriculture : « Avoine de février remplit le grenier » ; ou : « Tu sèmeras ton seigle dans une terre pou-
dreuse et ton blé dans une terre boueuse. » Ces dictons,
sortis, à l'origine, de la bouche de paysans sans instruction, traduisent mal l'idée qu'ils veulent exprimer. Vous
ne croyez pas que, pour remplir son grenier d'avoine, il
suffit au cultivateur de faire ses semailles en février.
Celui qui a prononcé d'abord cette phrase qui, dans certaines campagnes, est transmise de père en fils depuis des
générations, a voulu dire sans doute qu'il y avait avan-
tage à faire les semailles d'avoine de bonne heure au
printemps. Il serait plus exact de parler ainsi. Mais alors,
cela changerait la tradition, et c'est grave ; sans compter
que, dans ces proverbes, il y a une façon de rime qui aide
la mémoire à retenir une chose... qui n'est pas vraie.

Du temps d'Olivier de Serres, on pouvait, nous l'accordons, enseigner ainsi l'agriculture. Mais de notre temps, après les travaux des Boussingault, des Risler, des Schlœssing, des Müntz, etc., ne pouvons-nous pas, ne devons-nous pas faire mieux ?

Le programme que nous avons tracé ci-dessus n'est pas au-dessus de l'intelligence des élèves de nos écoles rurales ; tous les hommes de métier, de bonne foi, en conviendront. Et quels progrès n'aurons-nous pas réalisés par l'enseignement de ces notions aux paysans !

Lorsque le professeur départemental viendra par hasard faire une conférence au village, le paysan ira l'entendre avec plaisir, sachant d'avance qu'il tirera profit d'une causerie dont le but est de l'instruire. Le professeur pourra se dispenser de traiter ce qu'il a déjà fait devant vingt auditoires du département, à savoir : la traditionnelle conférence sur les soins à donner aux fumiers. Il abordera la question des engrais chimiques, qui est la base de l'agriculture moderne, ou bien traitera quelque question importante d'économie rurale ou de zootechnie.

Si le professeur départemental dit aux cultivateurs : Telle partie des terres de votre commune se trouve dans tel étage géologique ; or ces terres ont été étudiées et je m'en suis procuré l'analyse ; elles sont pauvres en potasse ; il faut chaque année ajouter tant de chlorure de potassium ou tant de sulfate de potasse pour avoir économiquement la meilleure récolte ; — soyez sans inquiétude, les cultivateurs en prendront note, et, aussitôt que possible, des essais seront exécutés qui leur diront l'année suivante si le professeur départemental avait raison.

Voilà où aboutira l'enseignement que nous demandons.

# CHAPITRE V

Comment l'instituteur doit comprendre son enseignement agricole.
Moyens d'arriver au but proposé : 1º Réforme des programmes
  et examen de l'enseignement primaire (école rurale). 2º Instruction agricole des instituteurs ; réforme des programmes
  et concours de sortie des écoles normales.

L'enseignement agricole doit être bien précisé, dans un programme détaillé que l'instituteur devra suivre ponctuellement ; mais où celui-ci aura beaucoup d'initiative, c'est dans ce que nous pourrions appeler les annexes de l'enseignement agricole.

« Il est aisé, dit Compayré (1), à un instituteur de donner à son enseignement une couleur agricole. »

Au lieu, dans un problème, de parler à ses élèves des vitesses de deux trains de chemin de fer, que l'instituteur leur parle du prix des grains sur le marché voisin, des économies que réaliserait un cultivateur qui, au lieu de faire son travail avec un mauvais outil, emploierait une nouvelle machine ou un instrument perfectionné. « Le sujet des problèmes, dit Compayré, doit être emprunté aux circonstances familières de l'existence, aux faits de l'économie rurale ou industrielle. Le choix doit varier avec les conditions de la vie de l'enfant ; il sera autre à la ville, autre à la campagne. »

Une partie des *dictées*, la moitié au moins, pendant la dernière année d'école, doivent être exclusivement agricoles ; le texte en sera expliqué par l'instituteur, qui profitera de cette occasion pour rappeler les notions précises de son enseignement et, au besoin, s'assurer que les élèves ont retenu quelque chose de ses leçons précédentes.

Nous demandons dans les *Lectures expliquées* une

_______

(1) *Traité de pédagogie*, p. 423.

place pour les lectures agricoles. Mais nous sommes loin d'être exclusif sur ce point, car nous pensons à l'éducation morale et civique des élèves, qui se fait beaucoup par la lecture d'un beau morceau de prose ou de poésie. Ces lectures agricoles pourraient être intercalées dans l'ouvrage d'agriculture mis entre les mains des élèves et suivre chaque chapitre de ce livre.

Les devoirs de rédaction doivent être nombreux sur des sujets agricoles. Toutes les promenades dans les champs, visites d'exploitations, doivent être suivies d'un compte rendu. Quel excellent moyen l'instituteur n'a-t-il pas là pour exercer l'attention et le jugement de ses élèves, deux facultés qu'il est indispensable de bien développer chez de futurs agriculteurs ! Il est entendu que ces comptes rendus n'excluront pas les sujets agricoles à traiter.

Enfin et surtout, il doit y avoir un enseignement agricole, c'est-à-dire des leçons expliquées par le maître, étudiées par les élèves et suivies d'interrogations. Nous avons parlé du programme de cet enseignement dans le chapitre précédent; nous n'y revenons pas.

A quel âge doit commencer cet enseignement ? Dans le cours moyen, constitué par les élèves âgés de neuf à onze ans, nous ne pensons pas que l'instituteur puisse aborder l'étude sérieuse, suivie, de l'agriculture. Ses élèves, fort jeunes encore, savent, il est vrai, lire, écrire, compter; mais il leur faut absolument développer leur éducation générale. Tout le temps doit donc être consacré à suivre le programme tel qu'il est tracé pour ce cours. Que nos jeunes paysans apprennent la langue française, l'arithmétique, etc.; ils seront plus tard plus aptes à bien comprendre ce que nous voulons leur enseigner.

Cependant l'instituteur, d'après le programme, doit faire à ce cours de petites leçons d'histoire naturelle; qu'il ne manque pas de donner l'application agricole à chaque fois qu'elle sera à sa place.

Nous voudrions *chaque semaine* le voir faire une leçon de choses en traitant un sujet d'actualité sur les travaux des champs ou des vignes. Dans cette causerie, il expliquerait aux enfants du cours moyen l'utilité de ces travaux ; il leur ferait dire comment on les exécute ; ce serait un exercice de langage et en même temps un excellent exercice de français pour des enfants dont la langue maternelle diffère toujours de la langue qui est écrite dans leurs livres, ou de celle qu'on les oblige de parler en classe.

L'enseignement agricole, comme nous le comprenons, ne commencera donc qu'avec le *cours supérieur*.

Un livre doit être mis entre les mains des élèves. Ce livre doit renfermer la matière du programme que nous avons donné ci-dessus. Il faut que l'élève comprenne bien toutes les expressions qui y sont renfermées ; c'est dire que la leçon d'agriculture doit être expliquée à l'avance, commentée, développée même.

Rentré chez lui, le soir, l'élève retrouvera, condensés dans son livre, les développements qu'il aura entendus à la leçon du maître ; il aura beaucoup moins de difficultés pour comprendre et par conséquent pour apprendre.

Quelle méthode l'instituteur devra-t-il suivre dans ses leçons d'agriculture ? Ce sont des applications de plusieurs sciences ; il faut expliquer le fait scientifique d'abord, et y arriver par la méthode inductive toutes les fois que cela sera possible ; puis, il faut donner l'application agricole avec tous les développements qu'elle comporte.

On a beaucoup parlé, dans ces derniers temps, de la méthode expérimentale appliquée à l'enseignement agricole à l'école primaire.

Nous pensons que l'instituteur ne peut employer cette méthode que dans certaines parties restreintes de son enseignement agricole (germination des plantes, par exemple). Mais pour traiter pratiquement les importantes questions de l'étude du sol, des engrais et amendements, des cultures spéciales, de l'alimentation des animaux, etc., l'instituteur ne peut rien tirer de la méthode expérimentale.

Alors, c'est l'enseignement dogmatique, dira-t-on ? Et pourquoi pas ?

Ne discutons pas sur les mots. Comment l'instituteur enseigne-t-il l'histoire, par exemple ? Il développe la leçon aux élèves ; puis ceux-ci l'apprennent dans leur livre ?

Eh bien ! l'instituteur procédera de même en agriculture. Il expliquera d'abord la leçon ; l'élève l'apprendra ensuite dans son livre.

Après chaque leçon l'élève aura un sujet agricole à traiter. Ce sujet se rattachant à la leçon ne sera pas, bien entendu, un résumé de cette dernière. Ce sera plutôt un point de cette leçon à développer ou mieux l'application d'une notion scientifique à trouver, en un mot un sujet où l'élève ait à exercer, non sa mémoire, mais son jugement et son intelligence. Ce devoir sera exécuté à la maison pour ne pas trop empiéter sur le temps scolaire.

Chaque semaine, la promenade scolaire sera le complément de la leçon étudiée quelques jours auparavant. Le cours supérieur seul doit, à notre avis, y assister. L'instituteur a alors peu d'élèves avec lui et n'est pas débordé ; les explications qu'il donne sont mieux entendues, mieux comprises : ce ne sont plus des promenades sans utilité ; ce sont de véritables excursions d'études.

Ces promenades, si elles sont intelligemment dirigées, faciliteront beaucoup la tâche du maître et le travail de l'élève.

Les champs d'expériences se multiplient aujourd'hui. S'il en existe à proximité de la commune, l'instituteur devra y conduire ses élèves plusieurs fois dans l'année. Là aura lieu l'application des leçons sur les engrais : les élèves devront être tenus au courant des expériences jusqu'à la fin.

Mais, avec un enseignement agricole aussi développé, nous apportons des perturbations dans le programme officiel des écoles primaires. Vous vous rappelez la réponse de l'instituteur à qui nous avons soumis notre programme : Le temps nous manque ; nous avons déjà trop de choses à enseigner.

Nous allons donc tâcher, avec le programme en main, de trouver le temps qui nous est absolument nécessaire.

Ce temps, nous l'évaluons à deux heures (deux leçons) par semaine pendant les deux dernières années que les élèves passent sur les bancs de l'école (cours supérieur). Ces deux heures, nous le répétons, sont consacrées à l'explication des leçons, aux interrogations des élèves et à la correction des devoirs rédigés à la maison. Examinons donc le programme actuel, et tâchons d'y installer l'agriculture à son rang ; au besoin, forçons d'autres matières à lui céder la place.

Dans l'étude que nous entreprenons, nous avons été constamment guidé par le souci de ne pas nuire à l'éducation générale du petit paysan, à son éducation de citoyen et de Français ; le jeune élève est avant tout une personne morale. Nous ne touchons pas à l'histoire et à la géographie ; l'arithmétique, à la condition de suivre le principe de l'éminent pédagogue M. Compayré, conserve également sa place.

Mais nous prendrons un quart d'heure sur le temps consacré à l'enseignement de l'écriture. Par la suppression de cet exercice, nous ne pensons pas nuire à l'éducation générale de l'élève ; d'ailleurs l'arrêté du 18 janvier 1887 porte que le temps consacré aux exercices d'écriture — qui dans le cours élémentaire est évalué à une heure — « se réduira graduellement à mesure que les divers devoirs dictés ou rédigés pourront en tenir lieu ».

Le *chant*, d'après le programme, doit occuper de une à deux heures par semaine ; nous lui demandons également un quart d'heure : l'utile avant l'agréable.

Nous prendrons une demi-heure sur le temps consacré à l'enseignement des sciences naturelles ; nous emploierons ce temps à donner des notions de sciences touchant l'agriculture.

Enfin, à côté du temps fixé pour les diverses matières de l'enseignement, nous lisons dans l'arrêté précité : « Pour les garçons, deux ou trois heures par semaine seront consacrées aux travaux manuels. » Si l'enseignement du travail manuel a donné certains résultats dans quelques centres industriels, par contre, dans les écoles rurales, cet enseignement ne peut guère produire de résultats pratiques. Sous prétexte de développer l'éducation de l'œil, de la main de l'enfant, on lui fait confectionner de petits objets futiles. Quand on dispose de si peu de temps, on ne le gaspille pas. D'ailleurs la pratique de cet enseignement a démontré l'inanité des résultats obtenus : c'est l'avis de tous les instituteurs ruraux. Nous prenons donc une heure sur le temps porté au programme pour les travaux manuels. Et nous demandons que le reste du temps destiné à cet exercice soit employé aux travaux agricoles que l'on peut enseigner à l'école primaire, tels que greffage, taille des arbres, etc. Il n'y a, à l'heure actuelle, aucun enfant sortant de l'école rurale qui sache greffer.

Ainsi voilà nos deux heures trouvées :

1° Le temps destiné à l'étude des sciences naturelles sera en partie consacré à l'enseignement des notions de sciences qui sont indispensables pour bien comprendre l'agriculture. Soit une demi-heure.

2° Nous y ajouterons un quart d'heure pris sur le temps consacré au chant.

3° Et un quart d'heure pris sur le temps consacré à l'enseignement de l'écriture;

4° Et enfin une heure qui ne sera pas employée à coller des morceaux de carton ou à édifier de petites constructions avec des bouts de bois.

D'ailleurs, si l'on nous fait des objections, nous pourrons répondre que dans le département du Nord les instituteurs doivent consacrer l'après-midi du mercredi à l'enseignement agricole. On a bien trouvé là le temps nécessaire : trois heures par semaine. C'est plus que nous demandons.

A cet enseignement nous donnerons une sanction : l'agriculture sera sérieusement exigée à l'examen du certificat d'études primaires, comme le sont, par exemple, l'histoire et la géographie.

Le sujet à traiter sera choisi par le professeur départemental de concert avec l'inspecteur d'académie. Les interrogations à l'examen oral seront faites par le professeur d'arrondissement toutes les fois que cela sera possible, et, à son défaut, par un délégué du professeur départemental et de l'inspecteur d'académie.

Malheureusement tout cela ne nous suffit pas. L'enseignement agricole à l'école primaire ne vaudra que par l'instituteur qui dirigera l'école. Tel maître, tels élèves. Que l'école normale primaire fasse des instituteurs sachant l'agriculture, comme ils savent l'histoire, l'arithmétique, le français, etc., et les méthodes deviendront excellentes, les résultats obtenus très bons.

Ceci nous amène donc à examiner un autre point de la question : l'instruction agricole des instituteurs.

Le programme à étudier pour les instituteurs sera évidemment celui-là même qu'ils auront à enseigner plus tard et que nous avons développé au chapitre III. On peut l'approfondir, mais le charger davantage est inutile; ce programme suffit. Cependant on pourrait y ajouter quelques leçons sur les maladies des plantes, les abeilles, etc.

Disons un mot d'une tentative qui a été faite depuis quelques années et qui consiste à faire passer les instituteurs, pendant une année, dans une école pratique d'agriculture. Sans doute, on obtient quelques résultats par ce procédé, mais on ne peut pas dire que les instituteurs, après leur stage à l'école d'agriculture, possèdent des connaissances agricoles suffisantes. Ces jeunes gens suivent des cours choisis dans les trois années d'enseignement. Mais l'enseignement à l'école pratique s'enchaîne; les leçons professées à la troisième année, par exemple, sont basées sur des notions enseignées pendant la deuxième ou la première année. Il arrive donc que le stagiaire écoute une leçon faite aux élèves de troisième année; et c'est seulement plusieurs mois après, — quelquefois pas du tout, — que, en assistant aux leçons professées à la première ou deuxième année, il apprend les principes sur lesquels sont basées les leçons qu'il a entendues bien auparavant. Que peut-il retirer d'un enseignement aussi peu méthodique?

D'un autre côté, les jeunes instituteurs passant par les écoles pratiques d'agriculture sont assez peu nombreux. Et le recrutement de plus en plus difficile des écoles normales fait prévoir que bientôt l'administration ne laissera pas ses futurs instituteurs continuer leurs études en passant par l'école pratique d'agriculture.

L'instruction agricole des instituteurs doit être donnée à l'école normale par le professeur départemental, mais ce dernier doit être, sur quelques points, secondé par ses collègues qui sont chargés d'enseigner l'histoire naturelle et la chimie.

Les programmes de *sciences naturelles* et de *chimie* de l'école normale doivent être un peu modifiés, de façon que les professeurs de botanique et de chimie concourent aussi à l'enseignement agricole.

Il faut faire entrer, dans le programme de botanique, les notions qui sont indispensables pour bien comprendre l'agriculture : absorption des matières minérales par les végétaux, choix que la plante peut faire, etc.

Le programme de zoologie porte que le professeur doit surtout s'occuper des animaux utiles. Y ajouter : et des animaux nuisibles à l'agriculture.

Le professeur de chimie doit s'occuper davantage des notions ayant trait à l'agriculture. Il pourrait laisser au second plan les acides gras, la morphine, le phénol, la strychnine, l'aluminium, et traiter de l'azote en tant que nourriture des plantes, du nitrate de soude, du phosphate de chaux, comme engrais, notions qui ne figurent pas actuellement au programme de chimie des écoles normales.

Ici, il nous faut absolument une sanction; et ce qui était peu important quand il s'agissait de l'école primaire, devient très important quand il s'agit de l'école normale, car l'élève-maître travaille toujours en vue de son examen de sortie. Il faut donc que l'agriculture soit *sérieusement* exigée des candidats à l'examen du brevet supérieur, qui est l'examen de sortie de l'école normale. L'épreuve écrite d'agriculture devra toujours être choisie par le ministre de l'agriculture, et les compositions devront être corrigées soit par un professeur d'arrondissement, soit par un professeur d'agriculture, s'il s'en trouve un dans le département. Les épreuves orales seront également passées devant un délégué des ministres de l'agriculture et de l'instruction publique.

Cela n'est pas une difficulté, et se fera facilement si on veut le faire.

Et ainsi nous aurons plus tard, dans chaque commune, un homme au moins qui comprendra les choses agricoles, qui pourra comprendre les journaux spéciaux sur la matière et qui sera capable d'enseigner aux paysans ces notions sans lesquelles on ne peut pas aujourd'hui parler agriculture. Le professeur départemental et le professeur d'arrondissement pourront causer avec lui et lui donner des conseils qu'il fera pénétrer à son tour dans le milieu rural où il vit. A ce moment-là nous pourrons utilement peupler nos bibliothèques populaires de bons livres agricoles.

---

# CONCLUSIONS

La question de l'enseignement de l'agriculture aux paysans est actuellement à l'ordre du jour. Tout le monde agricole s'en occupe.

Nous n'aurions point abordé un pareil sujet, si les quelques années que nous avons passées dans l'enseignement primaire ne nous en avaient donné le droit.

Il ne suffit pas en effet, pour discuter cette question, de connaître l'agriculture; il faut en outre bien savoir ce qu'est l'enseignement primaire et ce qu'on peut attendre du dévouement sans bornes de la génération actuelle des instituteurs.

Après avoir longuement étudié cette importante question, nous sommes arrivé logiquement aux conclusions suivantes :

1° Le professeur départemental est impuissant à enseigner l'agriculture aux paysans, parce que ses élèves sont trop nombreux (chaque professeur départemental a plus de 50000 élèves). Il ne peut entretenir les paysans de questions sérieuses, parce que ceux-ci ne sont pas préparés à l'entendre : ils ne possèdent aucune des *notions* sur lesquelles repose l'agriculture.

2° La première chose à faire est d'enseigner aux paysans ces *notions*. L'instituteur le peut dans sa classe; nous avons montré que cela est parfaitement possible.

3° Il faut donc enseigner ces *notions* à l'instituteur et exiger que ce dernier les enseigne dans son école.

4° C'est seulement lorsque l'*enseignement préliminaire* de l'agriculture aura été donné par l'instituteur aux paysans, que les conférences du professeur départemental ou du professeur d'arrondissement pourront donner de féconds résultats.

# SUPPLÉMENT

Nous sommes arrivé aux deux conclusions suivantes :

1° L'enseignement de l'agriculture aux trois millions de petits cultivateurs français ne peut être donné qu'à l'école primaire.

2° L'instituteur n'est pas préparé actuellement pour donner cet enseignement.

Il s'ensuit que, si l'on veut résoudre logiquement la question de l'enseignement de l'agriculture aux paysans, on doit commencer par former des instituteurs en leur apprenant l'agriculture. Mais si nous attendons qu'une nouvelle génération d'instituteurs sorte de nos écoles normales pour remplir la tâche que nous avons examinée, nous n'obtiendrons pas de résultats avant dix ou quinze ans. Or d'ici là, nous croyons, étant donné l'état actuel de l'agriculture française, qu'il y a autre chose à faire qu'à attendre. Parce que l'outil que l'on possède n'est pas parfait, cela ne veut pas dire qu'il faut l'abandonner tout à fait, surtout quand on n'en a pas d'autres à sa disposition. Les services que l'instituteur peut rendre actuellement à l'agriculture, si minimes qu'ils soient, sont cependant des services.

Nous pensons donc que l'on a raison d'encourager les efforts que fait l'instituteur pour enseigner l'agriculture dans son école; mais nous voudrions voir les encouragements accordés à ceux qui le méritent, car il n'y a aucune comparaison à établir entre l'instituteur qui parle à ses élèves de l'emploi du nitrate de soude et celui qui copie une carte agrologique sur le plan cadastral de sa commune.

L'instituteur de nos campagnes, qui presque toujours appartient à une famille agricole, qui a vécu constamment en présence des agriculteurs, possède une instruction générale assez vaste qu'il perfectionne chaque jour par des lectures. Il peut donc comprendre très aisément les notions d'agriculture énoncées dans notre programme. Il a déjà entendu les leçons du professeur départemental; et, s'il veut travailler, nous pensons qu'il pourra beaucoup perfectionner son instruction agricole.

Sans doute, il ne parviendra pas à acquérir seul toute la science agricole; il aurait trop à faire. « Un parfait agriculteur, a dit M. Schlœsing, aurait le savoir universel. » Mais il y a des questions scientifiques touchant l'agriculture qui n'offrent pas beaucoup d'intérêt à celui qui cultive le blé ou la vigne; tandis qu'il en est d'autres qui sont pour lui d'une très grande importance. Ce sont évidemment celles-ci que l'instituteur étudiera.

L'instituteur aura surtout besoin, dans cette étude, de direction, de conseils que pourront lui donner les professeurs départementaux et les professeurs d'arroudissement. Il devra surtout consulter ces derniers sur le choix des livres agricoles à introduire dans sa bibliothèque personnelle, car les mauvais livres d'agriculture ne sont pas rares.

Enfin, nous avons voulu lui indiquer les points principaux sur lesquels doivent porter ses études, en traçant le programme qui, à notre avis, devrait être adopté dans les écoles primaires rurales.

---

## PROGRAMME DÉTAILLÉ D'AGRICULTURE

### A ADOPTER

### Dans une école rurale (Cours supérieur).

Quand on examine quelles sont, parmi les connaissances agricoles indispensables à un agriculteur, celles qui manquent le plus aux petits cultivateurs, on voit qu'une seule question l'emporte sur toutes les autres par son importance : c'est la connaissance de l'emploi judicieux des *engrais*.

C'est aujourd'hui la question capitale de toute instruction agricole, question vaste et assez difficile à bien comprendre, et qui, précisément parce que son étude offre quelques difficultés, est très mal connue, on peut même dire absolument inconnue des paysans.

Un livre d'agriculture destiné à de futurs agriculteurs, qui ne traiterait pas cette question complètement, tomberait dans les anciens errements, en apprenant au cultivateur les choses qu'il connaît à peu près bien et en négligeant de lui enseigner celles qu'il ignore.

Il faut donc donner à l'étude des engrais l'importance qu'elle mérite. Il y a un certain nombre de mots nouveaux qui doivent absolument entrer dans la langue que parlent les cultivateurs. Ce sont les mots : azote, matière azotée, matière organique, acide phosphorique, potasse, nitrification... et quelques autres. Ces mots ne sont guère qu'une dizaine, quinze au plus : ils doivent être bien expliqués et bien compris. L'instituteur doit s'assurer à chaque instant dans ses leçons, que l'élève qui le prononce se rend bien compte de leur signification.

Les engrais sont des matières revêtant les diverses formes sous lesquelles on donne à la plante sa nourriture. Nous devons donc nécessairement, avant d'étudier les engrais, faire une étude du *végétal* et savoir, tout au moins, quels sont les éléments qui constituent sa nourriture.

Cette étude du végétal, qui doit être surtout une étude physiologique, serait vite faite si les enfants possédaient déjà quelques notions de chimie. Il n'en est pas ainsi. Nous devons donc profiter de cette étude pour enseigner ces notions indispensables.

L'étude du *sol* doit également venir avant l'étude de la question des engrais et doit en quelque sorte la préparer.

Voilà la partie principale d'un ouvrage d'agriculture à mettre entre les mains des élèves de nos écoles rurales.

Or ces notions sur *la nourriture de la plante, le sol et*

*les engrais*, sont assez difficiles à enseigner. Ceux qui croient qu'il suffirait à un paysan de les lire pour qu'il les comprenne bien, se trompent profondément. Il faut qu'elles soient apprises lentement, graduellement; et leur étude nécessite un certain temps. Nous devons donc tenir compte de ces difficultés pour l'établissement de notre programme.

Le plus intelligent des paysans ne tirera aucun profit du meilleur manuel sur les engrais qu'on pourrait mettre actuellement entre ses mains, si bien rédigé que soit ce manuel. Un livre attrayant? Sans doute, ce serait fort à souhaiter si cela pouvait se faire. Mais l'étude de l'agriculture est trop sérieuse, trop vaste et trop précise pour qu'on puisse lui donner la forme du roman. Et d'un autre côté, ce n'est pas à l'âge de quarante ou cinquante ans que le cultivateur est en état de se familiariser avec les mots : azote, acide phosphorique, etc. Il faudrait qu'il entreprît à cet âge une étude suivie, raisonnée, étudiant aujourd'hui un engrais, demain un autre, etc., et ainsi, petit à petit, toute la question. C'est impossible pour bien des raisons.

Mais à l'école rurale, quand il est âgé de douze ans, le petit paysan a une année encore devant lui avant de terminer ses études. Il a un maître qui lui explique toutes ses leçons; il est entraîné au travail intellectuel; il a beaucoup exercé son jugement et surtout sa mémoire.

Ce qui est impossible quand le cultivateur est âgé de cinquante ans devient possible quand, tout jeune, il est sur le point de quitter l'école. Et si l'instituteur le veut, ses élèves apprendront et connaîtront cette question des *engrais;* mais le programme à adopter doit être rédigé de telle façon que ces notions difficiles soient graduées et que peu à peu l'intelligence de l'élève arrive à les saisir; il faut surtout y consacrer le temps nécessaire.

Parmi les autres connaissances agricoles que l'on doit enseigner à l'école rurale, celles qui nous apparaissent comme devant occuper le second rang, sont les *notions sur le bétail.* Il y aura bien ici quelques mots nouveaux à employer. Mais ces notions sont relativement faciles à enseigner.

Puis vient, comme importance, l'étude de quelques *cultures spéciales*, parmi lesquelles l'instituteur doit s'attacher à développer surtout celles qui sont en usage dans la localité qu'il habite. C'est la partie de l'agriculture la plus facile à enseigner. Dans la plupart des écoles primaires où l'enseignement de l'agriculture passe pour florissant, on ne s'occupe que de l'agriculture locale, c'est-à-dire des cultures spéciales. C'est une faute. On ne peut bien enseigner ces notions que lorsque les élèves connaissent bien le *sol* et les *engrais*. L'instituteur doit éviter de passer trop de temps à cette étude, et surtout éviter la trivialité dans son enseignement.

Enfin notre programme ne serait pas complet si nous ne donnions quelques notions sur les cultures et les instruments agricoles et sur quelques points de l'économie rurale.

Nous pouvons donc maintenant établir le programme à suivre dans une école primaire rurale (cours supérieur).

L'année scolaire comprend environ quarante-quatre semaines de classe. Si l'instituteur fait deux leçons d'agriculture par semaine, cela donne quatre-vingt-huit leçons. Nous en réservons huit pour des revisions partielles, qui auront lieu après chaque partie du cours, et à peu près autant pour la revision générale. Restent donc soixante-dix à soixante-douze leçons effectives d'agriculture. Voici les soixante-dix leçons que nous conseillons de faire.

# ÉCOLES PRIMAIRES RURALES

## (COURS SUPÉRIEUR)

---

### CHAPITRE II. — L'ATMOSPHÈRE.

18. Oxygène, azote, acide carbonique, ammoniaque.
19. Poussières atmosphériques : ferments, microbes.
20. Météorologie.
Révision.


## TROISIÈME PARTIE. — Comment on aide le sol.

### CHAPITRE PREMIER. — ENGRAIS ET AMENDEMENTS.

21. Rôle des engrais.
22. Le fumier.
23. Fabrication du fumier.
24. Autres engrais organiques : engrais verts, tourteaux, sang, etc.
25. Engrais azotés : nitrates, sulfate d'ammoniaque, guano.
26. Engrais phosphatés.
27. Engrais potassiques et calcaires.
28. Emploi des engrais; préférences des plantes.
29. Etablissement d'un champ d'expériences.
30. Achat des engrais. Syndicats agricoles.
31. Les amendements.

### CHAPITRE II. — LES ASSOLEMENTS.

32. Les assolements : pourquoi on doit adopter un assolement, etc.
33. Examen de quelques assolements.

### CHAPITRE III. — AMÉNAGEMENT DES EAUX.

34. Drainage.
35. Irrigations.

### CHAPITRE IV. — LES CULTURES.

36. La charrue et les labours.
37. Outils qui complètent le travail de la charrue. Nettoyage des terres.
Résumé.


## QUATRIÈME PARTIE. — Quelques cultures spéciales.

38. Le blé.
39. Nettoyage des grains : battage, etc.
40. Seigle, orge et avoine.
41. Maïs, sarrasin, sorgho, millet.
42. Pois, vesces, fèves, haricots, lentilles.
43. Colza et navette, chanvre et lin.
44. Betterave, carotte, navet, rutabaga.
45. Pomme de terre, topinambour, chou fourrager.
46. Les fourrages : fourrages verts.
47. Prairies artificielles.
48. Prairies naturelles.
49. La vigne.
50. Ennemis et maladies de la vigne.
51. Le vin.

## CINQUIÈME PARTIE. — **Le bétail.**

52. Les animaux de la ferme.
53. Préparation de la nourriture des animaux.
54. Le cheval : examen extérieur.
55. Le cheval : âge; les vices rédhibitoires.
56. Soins à donner au cheval.
57. Les bovidés : le bœuf.
58. La vache.
59. La laiterie.
60. Le mouton.
61. Le porc.
    Police sanitaire des animaux.
62. La basse-cour.
63. Les ennemis et les auxiliaires du cultivateur.


## SIXIÈME PARTIE. — **Notions d'économie rurale.**

### CHAPITRE PREMIER. — L'EXPLOITATION DU SOL.

64. Modes d'exploitation (faire-valoir direct, fermage, métayage).
65. Le profit. Les débouchés, le prix de revient.
    La richesse agricole de la France.

### CHAPITRE II. — ÉLÉMENTS DE COMPTABILITÉ AGRICOLE.

66. Le livre d'inventaire et le livre de caisse.
67. Carnet de notes journalières; livre des consommations.
68. Livre des magasins et livre des cultures.

### CHAPITRE III. — LE CULTIVATEUR.

69. Qualités du bon cultivateur.
70. Restez aux champs.

SAINT-CLOUD. — IMPRIMERIE BELIN FRÈRES.